CONTENTS

HOW TO SOLVE NONOGRAMS – P 1

NONOGRAMS – P 8

SOLUTIONS – P 58

Copyright © 2020 by JUST PUZZLES
All rights reserved. No part of this publication may be reproduced, distributed, or transmitted in any form or by any means, including photocopying, recording, or other electronic or mechanical methods, without the prior written permission of JUST PUZZLES, except in the case of brief quotations embodied in critical reviews and specific non-commercial uses permitted by copyright law.

HOW TO SOLVE NONOGRAMS

Nonograms also popularly known as Hanjie, Picross, Griddlers, or Japanese Crosswords, are logic puzzles. The cells in the grid must be shaded or left blank according to the numbers (clues) at the side and top, to reveal a hidden picture.

Nonograms can be rectangular or square, and can be made up of a different number of rows and columns. The aim is to blur/shade the indicated cells based on the clues, as explained above. The remaining cells are left unshaded.

A walk through is provided below; To hone beginners' skill, we advise beginners to sketch the puzzles in a book, and follow the instructions. They can compare their progress with the provided solutions at each stage of the walkthrough.

Note, from the beginning of a puzzle, there's no way to know what the hidden picture is - Unless, a hint is given, like in this book. The name of the hidden picture in each puzzle is given; which should make solving the puzzles easier. Also, the solution (hidden picture) for each puzzle is provided at the back of this book. It doesn't get much easier than that.

SHARP	1 1	5	1 1	5	1 1
1 1					
5					
1 1					
5					
1 1					

In the example above, we have a puzzle tagged "SHARP" We could decipher this to mean the music notation (#). Now to solve this puzzle: The puzzle is 5 X 5 meaning, it is made up of 5 rows and 5 columns. Hint 1:

HINT 1
• *Always attack the columns or rows with the highest number.*

Starting from the second column (C2) then; the 5 cells in the column will be shaded. Same applies to the fourth column (C4).

With those shaded, we will move to the next grids with the highest number. These would be the second row (R2) and fourth row (R4).

Perfect! Simple, right? But, not all puzzles are this easy. If we cross check our answers, starting from the first column (C1). The clues at the top are 1 and 1. Meaning one shaded cell separated by an empty cell (which could be more than one empty cell) then another shaded cell. We were able to get the answer because the empty cells are not more than 5 in a row or column. Remember hint 1 always. It will help to make whatever puzzle being treated to be a lot easier to solve.

Another example: In the example on the next page, we have a puzzle tagged "HELICOPTER" Now to solving this puzzle:

The puzzle is 9 X 14 meaning, it is made up of 9 rows and 14 columns. Remember Hint 1:

- ***Always attack the columns or rows with the highest number.***

We will start from R4 (fourth row) having 11 clues. After which the second highest row or column will be attacked.

HELICOPTER

	2	1	1 1 1	1 1 3	1 1 5 1	4 3	1 2 1 1	1 1 1	1 1 4	1 1 4	1 2	1 1	1 3	1
9														
1 3														
3 1														
11														
1 1 3														
1 1 2														
10														
1 1														
5														

Following hint 1, there's a little challenge. The cells in a row are 14 in number, but the first row we want to attack has 11 cells to be shaded. The 11 cells have to be next to each other. Meaning there's must not be any space (empty cells) between them. Since there are 14 empty cells, the number of ways to have 11 cells shaded, is more than one. A few of the ways are illustrated below:

To solve this challenge, we have to follow hint 2;

HINT 2
• *Always count from the left and right hand side, the number of cells to be shaded. Then shade the overlapping cells, and the last ones. There's a condition, though; In order to use this hint, the number of cells to be shaded must be equal or more than the half the total number of cells available in the row/column being attacked.*

Following hint 1 and 2, we can then solve the puzzle for the rows with the highest number of cells to be shaded, and which also is at least half the size of the empty cells (the half of 14 is 7).

For the R4, the cells labeled A and B, are the "cells of termination", when 11 is counted from the right hand side, and left hand side of the puzzle respectively. These two points are then shaded, and the overlapping cells between them also.

HELICOPTER

			2	1 1 1	1 1 1	1 1 5 3	1 4 1	1 5 3	1 2 1 1 1	1 1 1	1 4	1 4	2	1 1	3	1
		9						■	■	■						
	1	3														
	3	1				A						B				
		11	→1	2	3	■11 4	■10 5	■9 6	■8 7	■7 8	■6 9	■5 10	■4 11	3	2	1 ←
1	1	3														
1	1	2														
		10				■	■	■	■	■	■	■				
	1	1														
		5														

As shown above, the same rule applied to R4, applies to the two other rows shaded (because the number of the cells to be shaded are more than half of the total cells in the rows).

Solving the rest of the puzzle is now about logic. Remember the clues are arranged in order. Looking at the C5 (column 5) now. All the clues sum up to 7; 1 shaded cell, followed by a space or more, than 5 shaded cells (which is not separated by any space; the 5 cells are beside each other), then followed by a space or more, after which there's 1 shaded cell. This applies to only column 5. Meaning it applies downwards only. Since C11 has only 2. We are sure the cells are beside each other with no space. The shaded cell for C11 will have to be either R3C11 or R5C11. Hence, we know R1 can not extend to R1C11. Based on logic, R1C10 will be shaded. After which R1C2 to R1C5 will also be shaded. This will be the solution for R1. We can now proceed to circle 9 (the clue that has been solved) and cross out the remaining empty cells in row 1 (R1).

Using the same logic, C9 and C10, can be solved. Crossing out the empty cells below the first shaded cells, shows that, shading the empty cells between R4 and R7 in the two columns will satisfy the clues (1, 4). From the solved puzzles so far, it is easy to see that R6 has been solved. Using the same logic as above, the R5 can be solved, by shading R5C11. Since from the clue in C11, we know we must have two shaded cells with no space; likewise from the clue in R5, we must have 3 shaded cells, with no space.

Looking at C5, the only way to shade the cells to keep with the order of the clues would be, to shade R3C5 downwards to R6C5. Then an empty space is left, before shading R10C5. Considering C6, the only way to arrange the shaded cells will be to shade R2C6 and R3C6, to give four shaded cells.

The solution we have so far is shown on the next page:

HELICOPTER

			2	① 1 1	1 1 1	① 1 ⑤ ③	① ④ ①	② 1 1 3	1 ① ① ①	2 ① ④ ④	① ④ ②	1 1	3	1
		⑨	X	■	■	■	■	■	■	■	■	X	X	X	X
1		3		X	X	X	X	■	X	X	X	X	■			
	3	1					X	■		X	X	X	■			
		11						■	■	■	■	■	■			
1	①	③					X	■	X	■	X	■		X	X	X
1	①	②					X	■	X	■	X		■			
		10					■	■	■	■	■	■	■			
1		1						X			X	X	X	■		
		5						■			X	X	X	X		

The crosses mark the cells of rows and columns we are sure can't be shaded based on the clues. The circles mark the clues we have solved. These aid the process of visualization, making the rest of the puzzles a lot easier to solve.

Looking at R7, since the clue is a whole number 10. It means there can't be a space. We can then proceed to shade the whole left hand side of the cell on R7. As usual, we will cross out the remaining cells in that row. C13 looks easy now. We will proceed to shade R2C13 down to R4C13.

On R3, based on our clue, 3 comes before 1, we can only shade R3C7, to form 3 shaded cells. Since we have a separate shaded cell, that row can be crossed out as completed. On C7, based on our solution of R3, the second clue has been solved for that column. We can then cross out the empty cells, we know cannot be shaded, based on the clues for that column. Crossing that out shows that, we can only shade R9C7 to solve the last clue for C7. Our solution yields the solution to R9. We then proceed to shade the three remaining cells to form 5 shaded cells, according to the clue for that row. Our solution so far is shown on the next page.

Hint 3:
• *Always remember hints 1 and 2. The final hint is, remember to always circle the clues you have solved. Also, cross out completed rows and columns.*

Following these hints, you will never go wrong or find any puzzle unsolvable in this book.

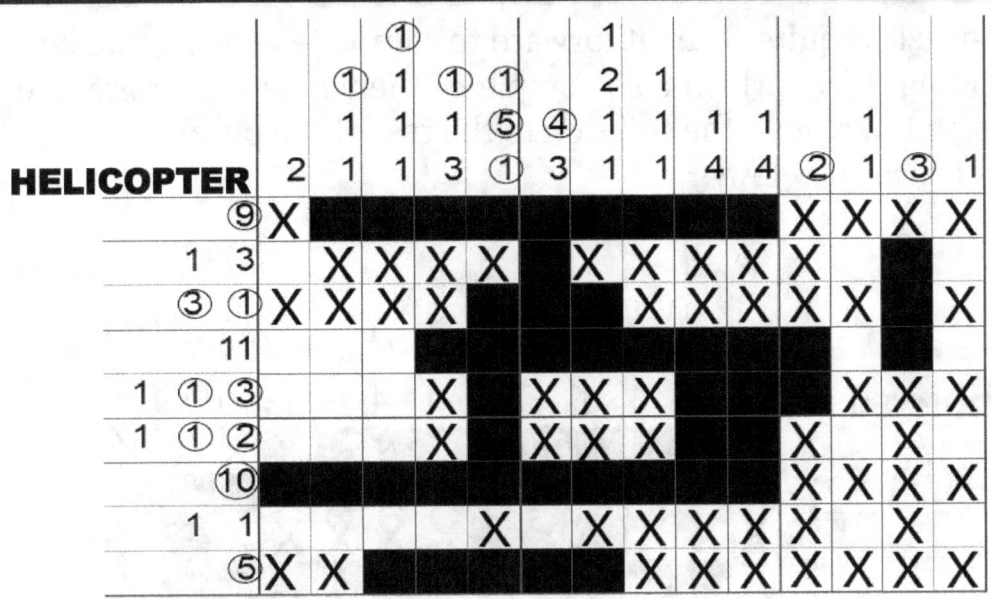

Like earlier stated, the crosses mark the cells of the rows and columns we have solved i.e. completed. The circles are around the clues we have solved.

Looking at R2, it is easy to solve for the clue 3, since 1 shaded cell has already been solved. The remaining empty cell is crossed. Using logic, we can see that in R4, to get the clue 11, we have to shade R4C12. We now have 10 shaded cells, but we cannot be sure of the next cell to shade to make it 11, so we leave that row for now. Looking at C12, it is now solved. We can proceed to cross the other empty cells of that column.

In column 14 (C14), since the clue is 1, and we have one shaded cell already, we can proceed to cross the other empty cells in that column. In C4, the last clue is 3, so we have to shade R9C3. We proceed to shade R9C6 to solve the complete C6. Since all of R9 has now been solved, based on the clues, we can cross all the other empty cells of the row. The solution so far is shown below;

The rest of the puzzle is quite straight forward to complete now. R4 can be completed by shading R4C3, which also completes the whole C3. Crossing off the rest of the empty cells on R4, reveals the solution to the rest of the puzzle. The final solution is shown below.

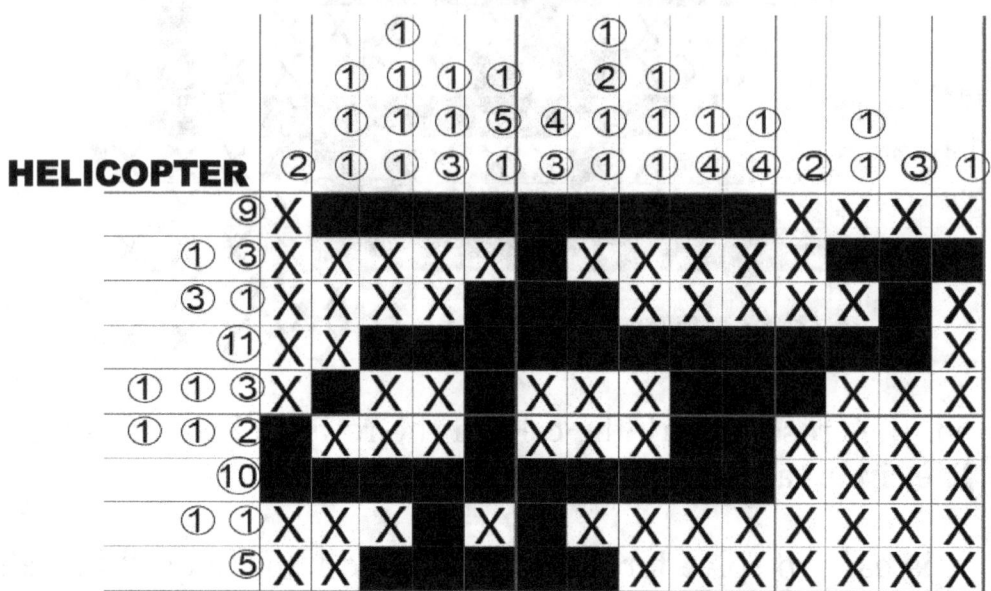

This completes the puzzle. We hope you were able to solve the walk-through puzzles like we did. All the best!

CROSS

		2	3	2 1	2 1	1 1	5
3							
2 1							
2 1							
2 1							
6							

STAIRS

	2	2	1 2 1	2 2 1	2
3					
2 2					
1 1					
1					
1					
1					
0					
1					

QUESTION MARK

	4	1 1	3 1 3	1 3 1	1 1 1	3 1 3	1 1 1	4
4								
1 1								
3 3								
1 1								
1 1								
3 3								
1 1								
4								

JET

	1	1	2 1	5	2 1	1	1
1							
3							
7							
1							
3							

HOUR GLASS

	2 2	1 1 1	1 1 1	1 1 1 1	2 2
5					
1 1					
1 1					
1					
1 1					
1 1					
5					

SHARP

	1 1	5	1 1	5	1 1
1 1					
5					
1 1					
5					
1 1					

TOWER

	2	5	4 1	4 1	5	2
1 2 1						
6						
4						
4						
1 1						
4						

L

	5	5	2	2
2				
2				
2				
4				
4				

Q

	5	1 1	2 2	2 2	2 1 2	1 2	6	1
3								
5								
1 1								
1 1								
1 1								
1 1 1								
1 2								
6								
3 1								

TREE

			3	5			4	3		
			2	1		3	1	1		
		3	1	1	12	7	1	1	4	2
	2									
	4									
	6									
4	3									
5	4									
2 3	2									
3	5									
	5									
	3									
	2									
	2									
	6									

P

				2	2	2		
		9	9	2	2	2	4	4
	5							
	7							
2	2							
2	2							
	7							
	5							
	2							
	2							
	2							

PIE

					1
1	5	1	4	1	
5					
1 1					
1 1					
1 1					
1 1					

TV

	8	1 1 1 1 3	1 8	2 2	1 2	2 2	1 1 2	1 1 3	8
1 1									
1 1									
1 1									
9									
1 1 1									
3 1									
1 1 1									
3 1									
1 1 1									
9									
9									
1 1									

SHURIKEN

	2 1	4	1 1	4	1 2
1 2					
4					
1 1					
4					
2 1					

CHURCH

				9	2 1	3 2 1	1 1 2 1	1 4 4	5 1 1	1 4 4	1 1 2 1	3 2 1	2 1	9
			1											
			3											
			1											
			3											
			7											
2	1	1	2											
			11											
		1	1											
1	2	2	1											
1	2	2	1											
		1	1											
	1	3	1											
1	1	1	1											
1	1	1	1											
		5	5											

FLAG

			7	1 1 1	1 1 1	4	1 1 1	1 1 1	4
		7							
1	1	1							
1	1	1							
		7							
		1							
		1							
		1							

ANCHOR

						3			3			
					1	1	1	1	1	1		
				2	3	1	1	1	1	1	3	2
			2	3	2	2	11	11	2	2	3	2
		4										
	1	1										
		4										
		2										
		6										
		2										
		2										
		2										
2	2	2										
2	2	2										
		8										
		6										
		2										

ALARM

							1					1			
						2	6		1	4	5	6	2		
					2	4	1	9	4	3	3	1	4	2	
		2	2												
	2	4	2												
1	2	3	1												
		3	4												
		3	4												
		4	3												
		5	2												
			6												
			4												
		2	2												

YING YANG

			4	6	5 2	2 4	1 1 1	1 1	4
		3							
	3	1							
3	1	1							
	3	1							
	4	1							
2	1	1							
	3	1							
		3							

KEY

			1	2	3	2	3	2	2	4	4	6	3 3	3 3	6	4	2
		2															
		4															
		7															
	10	3															
	9	3															
1	1	7															
		4															
		2															

SKULL

			3	6	6	3			
			6	3	3	6			
3	7	11	2	2	2	2	11	7	3

Clues											
		6									
		6									
		8									
2	2	2									
3	2	3									
		10									
	4	4									
	3	3									
		8									
		6									
		6									
		0									
		4									
		4									

PAW

			2	2		2	2			
2	2	2	4	5	5	4	2	2	2

Clues											
2	2										
2	2										
	2										
2	2	2									
2	4										
	6										
	6										
	4										

DESKTOP COMPUTER

			6 4	1 1 2 1	1 1 2 2	1 4 2	1 4 2	1 4 1	1 4 1	1 1 2 1	1 1 2 1	6 4
		10										
	1	1										
	1	1										
	1	1										
	1	1										
		10										
		4										
		8										
		10										
	1	1										
1	3	1										
		10										

BANANA

		2	1 1	1 1	2 1	1 1	2 1	1 2 2	5 1	3 3	5
	3										
	2										
	3										
1	1										
2	1										
2	1										
3	2										
4	1										
1	3										
	6										

BERRIES

			3	5	5	1 3 1	1 1 3	1 1 3	1 1 2 2	10	1 5	1 3
		7										
		1										
		2										
	2	1										
	3	1										
	5	3										
		10										
3	2	3										
	3	5										
		3										

HAPPY RABBIT

				2	2 1 1 1	1 5 2	3 2 1	3 1 1	3 1 1	3 2 1	1 5 2	2 1 1 1	2
		2	2										
2	1	1	2										
1	2	2	1										
			8										
	1	2	1										
			8										
		2	2										
	1	2	1										
		1	1										
		2	2										
			2										

HELICOPTER

	2	1,1,1	1,1,1,1	1,1,1,3	1,5,1	4,3	1,2,1,1	1,1,1	1,4	1,4	2	1,1	3	1
9														
1 3														
3 1														
11														
1 1 3														
1 1 2														
10														
1 1														
5														

SAILING BOAT

	1	1,2	2,3	3,3	4,3	10	4,3	3,3	2,3	1,2
1										
3										
5										
7										
9										
1										
1										
10										
9										
7										

INSECT

			1 1	2 2	4	1 7	9	1 7	4	2 2	1 1
	1	1									
		1									
2	3	2									
1	3	1									
		5									
		7									
		7									
1	5	1									
		3									
		1									

LANDLINE

				2	3 6	4 2 3	2 2 2	3 3 1	3 2 3 1	3 2 1 1 1	3 3 3 1	2 1 1	4 2 2	3 2 3	2 6
			5												
			9												
			11												
		3	3												
3	1	1	3												
			5												
			8												
		2	2												
		2	2												
	1	4	1												
1	1	1	1												
	2	4	2												
		3	3												
			12												

TROPHY	3	2 2	1 1	3 1 1	2 6 1	2 2 3	8 5	14	10 3	9 1	3 1 1	1 1 1	1 1	4
10 1														
2 9 1														
1 1 5 1														
2 1 4 1														
4 4 3														
1 5														
1 4														
2 6														
2 3														
4														
2														
4														
4														
6														

HOT TEA	1	1 2	1 5 2	1 1 3 2 1	2 6 1	2 2 3 1	1 1 1 1 1	2 1 1	1 1 1	5 2	1 1 2	3 1
1 2 1												
1 2												
1 2												
1												
8												
4 3												
3 1 1												
1 2 3												
4 1												
1 6 1												
3 3												
8												

AFRICA

	2	5	6	6	6	6 3	13	13	11	10	6	3 1	1 2
3													
6													
9													
10													
11													
13													
3 6													
6													
6													
5 1													
5 2													
4													
3													
1													

LIZARD

	1	1 1 1 1	2 4 2	3 2 1 1	4 2 2	9	6	2 3	1 1
3									
3									
3									
2									
4									
2 3									
2 3									
5 1									
2 3									
3									
2 1									
1 3 2									
2									

REINDEER

						2				3							3	1	3	2	
						3	2	4	5	2	1		2	2			3	1	3	2	
REINDEER					2	3	2	6	7	7	4	7	4	6	11	14	10	9	8	7	5
		2	2	2	2																
2	2	1	1	2	2																
		4	1	1	4																
				5	2																
				2	6																
					8																
			1	1	6																
					12																
					13																
					15																
				8	7																
			1	3	7																
				5	7																
				3	7																

PENGUIN

								2	3	2				
						9	6	3	2	3	6	9		
PENGUIN					7	4	1	4	2	1	2	4	1	4	7
				3										
				5										
	1	1	1											
		2	2											
				5										
				7										
		3	3											
		3	3											
		3	3											
		3	3											
1	1	1	1											
1	1	1	1											
1	2	2	1											
	1	7	1											
		2	2											
		2	2											

PUPPY

Column clues (left to right):
- 2
- 1,3
- 4,1
- 2,1,1
- 6,1,1
- 1,1,2,1,1
- 1,2,1,1,2
- 3,4,3
- 1,1,1
- 3,1,1,1,1
- 1,2,1,1
- 1,6,1,1
- 4,5,1
- 1,1,1
- 5

Row clues (top to bottom):
- 4,4
- 1,1,1,1
- 1,5,1
- 3,3
- 1,1,1
- 2,1
- 5,1
- 1,1
- 5,2
- 2,1,1
- 3,3
- 1,1,1,1
- 3,1,6
- 1,2,1
- 14

TROPHY

Column clues (left to right):
- 3
- 1,1,1
- 6,2
- 8,3
- 10,4
- 3,1,4,5
- 2,1,2,1,3
- 2,3,1,2
- 7,1,1
- 1,1,2
- 3,1

Row clues (top to bottom):
- 1
- 3
- 5
- 3,2
- 5,2
- 1,3,1,1
- 1,5,1,1
- 1,4,1,1
- 9
- 6
- 1,1
- 2
- 2,1
- 4,1
- 6,1
- 10

DONKEY

		4	3 2	1 3 1 1	2 3 2 1	2 8 2	3 11 3	3 12 2 1	4 4 5 1 2	4 3 6 1	8 8 2	1 18	2 15	4 13	18	18	17	17	16	15	9 3	10 3	15	15	15
		4																							
	5	11																							
	5	12																							
	5	12																							
	4	12																							
1	4	11																							
3	3	11																							
		19																							
		20																							
		20																							
3	9	4																							
3	11	3																							
4	12	3																							
	17	3																							
	17	4																							
1	15	4																							
2	13	4																							
1	10	1																							
	4	6																							
1 1 2		3																							
	1 2	1																							
	2 2	3																							
	7	1																							

PIANO

			7 2 2	7 3 1	6 2 1 1	6 3 2	5 2 1 2	5 3 2	4 2 1 2	4 3 2	3 2 1 2	3 3 5	1 2 1 5	4 2	4
		10													
		11													
	10	1													
	8	2													
	6	4													
4	4	2													
2 4	2	1													
4	2	2													
4	2	4													
2	2	4													
	2	6													
1	4	2													
	5	2													

SHIP

							2	3	2	1 1 3	5 4	1 1 1 1	1 1 3	5 4	1 1 1 1	11	1 1 3	1 1 2 1	5 3	1 1 3	1 1 2 1	3 3	2	3	2
						12																			
	1	1	1	1	1																				
	1	1	1	1	1																				
	1	1	1	1	1																				
						12																			
						1																			
				2	1	2																			
2	1	1	1	1	1	2																			
						17																			
		3	2	2	2	2																			
						13																			

SPRAY

	1,1	1	1	1	0	1,8	4,1	1,3,1	4,1,1,1	8
3										
1 2 2 1										
1 1 1										
1 5										
1 1										
1 1										
1 3										
1 1 1										
1 3										
1 1										
5										

HEART

	11	3,4	2,3	2,2	3,1	2,2	2,3	3,4	11
9									
9									
2 1 2									
1 1									
1 1									
1 1									
1 1									
2 2									
3 3									
4 4									
9									

FLASK

				10	3	3 6 6 2	4 5 6 2	4 4 6 2	3 5 6 2	6 6 3	10	2 2	7
			4										
			4										
			6										
	1	2	1										
		2	2										
			6										
			6										
			6										
	1	4	2										
		2	4										
		8	1										
		8	1										
		8	1										
		8	1										
		8	1										
	1	4	3										
		2	3										
			8										
			6										

FLOWER

						2	3	2 2 2	1 3 2	2 2 1	1 5 1	1 1 11	1 5 1	5 2	1 3 3	2 3
					1											
	1	1	1	1												
1	1	1	1	1												
			3	3												
			1	5												
				7												
				5												
				3												
			2	3												
		4	1	1												
		4	1	2												
			2	3												
				4												
				1												
				1												

CAT

			2	3	2 2	11	2 2 2 5	3 4	2 3	2	1	5	1	2
	1	1												
		3												
1	1	1												
		7												
		7												
		1												
	1	1												
	2	3												
	3	1												
	4	1												
	5	1												
		7												

SPADE

			3	5	6	7 1	7 2	12	7 2	7 1	6	5	3
		1											
		3											
		5											
		7											
		9											
		11											
		11											
		11											
3	1	3											
		1											
		3											
		5											

CRAB

				2 1 1	3 1 1	2 3	6	5	5	6	2 3	3 1 1	2 1 1
1	1	1	1										
		3	3										
1	1	1	1										
	1	4	1										
	1	6	1										
			8										
	1	6	1										
	1	4	1										

AMBULANCE

							1									3	8	8			
						3	2	8								3	1	1	9		
						2	1	1	11	4	3	1	1	1	3	3	1	1	9		
				5	4	4	2	1	1	2	5	3	5	3	3	3	2	1	1	2	9	10
			1																			
			2																			
			14																			
		4	7																			
		6	7																			
	1	2	5																			
	1	2	5																			
	1	2	5																			
		9	7																			
		9	7																			
		3	8	3																		
2	2	5	2	1																		
1	1	6	1	1																		
	1	1	1	1																		
			2	2																		

POLICEMAN

Column clues (top to bottom, left to right):

Column	Clues
1	3
2	1 2 4
3	1 1 6
4	2 1 3 4
5	3 6 2 5
6	3 3 6 5
7	2 2 3 5
8	2 2 1 1 6
9	2 2 1 1 4 1 2 1
10	2 2 1 1 3 5
11	1 4 3 3 5
12	1 1 2 1 5
13	1 1 3
14	1 1 6
15	2 4

Row clues (left to right, top to bottom):

Row	Clues
1	5
2	7 2
3	2 3 2 1
4	1 3 5 1
5	2 8
6	5 1
7	2 1 1
8	2 1
9	2 2
10	2 3
11	2 1
12	1 3
13	1 1
14	3 3
15	9
16	1 2 2 1
17	2 2 2
18	6 5
19	2 8 2
20	2 8 2
21	2 4 3 2
22	2 8 2

DINOSAUR

				15	2 10	1 11	2 9	1 10	11	1 3 5	2 1 7	3 3	3 3	4 2	4 3	5	5 1	6 3	7 4	8 4
		3	11																	
	2	1	10																	
		1	9																	
	1	1	7																	
1	2	1	5																	
	3	3	3																	
		8	2																	
		7	1																	
		6	1																	
	6	1	1																	
		8	1																	
	10	1	2																	
	9	1	3																	
	9	2	4																	
	8	1	3																	

ELEPHANT

					1,1	4,3	5,4	6,6	7,2,4	8,1,3	8,1,4	9,2,4	6,5,3	13	13	8,1	5,4,1	5,8,1	2,11,1	1,9,3	3,7,7
				6																	
				9																	
			7	1																	
			9	1																	
				11																	
			8	3																	
			8	4																	
		5	3	4																	
			9	4																	
			9	5																	
			10	5																	
		5	3	5																	
		3	4	4																	
2	4	1	2	1																	
	1	2	1	1																	
		4	2	4																	
		4	3	2																	
			8	2																	
			6	1																	
			4	1																	

UMBRELLA

	1	2	1 1	2 1 1	2 1 1	2 5	5 1	4 1	3	2	1
1											
3											
2 2											
2 3											
1 4											
11											
1											
1											
1											
1 1											
1											

SMILE

	4	3 3	7 3	2 5 2	8 2	4 3 2	8 2	2 5 2	7 3	3 3	4
7											
7											
1 3 1											
9											
4 4											
11											
1 7 1											
2 5 2											
3 3											
9											
7											

TRICYCLE

		2				2						3		
		1		4	5	5	1			4		6	2	
	2	1	3	5	3	2	3		1	2	12	1	2	2
3	2	1	8	2	1	2	3	3	3	3	2	1	2	3

			2
			2
			3
			4
		5	4
	5	1	1
		4	4
		3	5
		5	2
	3	3	2
2	2	2	2
	1	5	3
2	3	2	2
6	1	1	1
2	2	2	2
	1	1	3
		2	2
			3

SUPERHERO

	3 3 1	2 2 2	1 1 1 3	3 1 3 5	1 3 5	2 2 2 3	1 3 5	3 1 5	1 1 1 3	2 2 2	3 1
3											
1 1 1											
2 2											
9											
1 3 1											
1 1											
1 1 1 1											
2 1 1 2											
9											
5											
7											
4 4											
4 4											

SMILE

	6	2 2 2	2 1 2	1 2 1 1 1	1 1 1 1	1 1 1 1 1	2 1 2	2 2 2	5
5									
2 2									
2 2									
1 1 1 1									
1 1									
1 1 1 1									
2 3 2									
3 2									
5									

TAP

	1 1	1 1	3 1 1	1 1 2 2	1 1 4 2	3 1 1	3 1 1	1 1 4 2	1 1 2 2	3 1 1	1 1	1 4	1 1	6
8														
1 1														
8														
2														
4														
2 2														
4														
2 2														
4 6														
1														
4 4 1														
2 2 1 1														
4 1 1														
3														

OLD MAN

	1	1 3	4 3	1 3	8 2	1 1 6	1 1 4	1 1 6	1 1 1 4 1	8 3	1 1 1 1	1 1 1 1	1 1 1 1	6
4														
1 1														
8														
1 1														
2 2														
1 1														
2 8														
1 1 2 2 1														
1 6 1														
3 4 1														
1 5 1														
13														
1 1 1 1														
1 7														

TORTOISE

	2	4	5	5	6	6	6	6	5	3	2	3	5	1,1,1	2	3
3																
5 2																
7 2 2																
15																
13 1																
10 2																
2 2																

DANGER

	2,2	3,4	4,4	3,3,3	5,2,3	2,4,4	2,3,3	8,2	2,3,4	2,4,5	5,3,2	4,2,3	3,4	3,4	2,2
5															
7															
2 1 2															
2 1 2															
9															
2 8															
3 5 2															
4 1 1 1 3															
3 5															
4 4															
6															
2 6 2															
6 7															
5 6															
3 3															

HERON

		1	1	2	3	1,6	9	4	7	5,1,1	10	5,1	5,2	3	2	1
	3															
2	1															
	5															
1	2															
	2															
2	4															
	11															
	10															
	8															
	6															
1	1															
1	1															
	5															
1	1															
	2															

REX

	2/1	2/1	3/1/2	1/3/4/1	12/2	8/6	6/3	9	8/1	8/2	12	6	7	4	3	2	2/2	3
3																		
3 2																		
7																		
5																		
9																		
7																		
9																		
10																		
3 6																		
3 6																		
1 1 7 1																		
10 2																		
2 2 2 1																		
1 1 3 2																		
1 1 4																		
2 2 2																		
3 3																		

RIDER

		2	3	6/3	8/1/1	1/8	1/5	2/8	12/1	13	10	5	6/1	1/3	2	1
	2															
	2															
2	2															
4	3															
	10															
2	4															
2	6															
	10															
	11															
9	2															
	10															
1 1 4	1															
3 2	2															
1 1	1															
2 2	2															

SUN

						2 2 2 2	2 2 2 2	2 2 11	1 2 2 1	4 2 4	2 1 1 2	1 1 1 1	3 1 1 3	1 1 1 1	2 1 1 2	2 1 1 2	4 2 4	1 2 2 1	4 11	2 2 2 2	2 2 2 2
	1	2	1	2	1																
	2	2	1	3	2																
			2	8	2																
				3	3																
		1	2	2	1																
		3	2	2	3																
				2	2																
			1	2	1																
		2	1	1	2																
		3	2	2	3																
	1	2	4	2	1																
				3	3																
			2	8	2																
	2	2	1	3	2																
	1	2	1	2	1																

SNAIL

			1 2	5 1	12 1	10 3	1 3 2	2 2 1	2 1 1	2 1 1	1 2 1 1	1 1 1 1 1	1 2 2 1	1 3 1	2 1 1	2 1 2	4 2	1
		1	1															
		1	1															
			3															
			3															
			4															
			4															
		2	6															
	2	2	2															
	2	2	2															
	4	2	1															
	3	1	2	1														
1	2	2	1	1														
	1	1	2	1														
		2	5	1														
		2	1	2														
			10	4														

CHEERLEADER

Column clues (left to right, top to bottom):

Column	Clue
1	4
2	6
3	9
4	9
5	8
6	2 2 2
7	1 2
8	2 2 4
9	2 3 2
10	3 3 2 1
11	10 2 1 2
12	4 2 5 1
13	4 1 1 2 5
14	5 1 1 1 4
15	4 1 1 1 1 4
16	5 3 6
17	5 5 4
18	1 8 2 1 4
19	9 2 9
20	7 1 2 3
21	7 2
22	2 2 1
23	1 2
24	1 2

Row clues (top to bottom):

Row	Clue
1	1 1 2
2	6 1
3	2 10
4	4 11
5	5 11
6	5 2 4
7	6 1 1 1 3
8	8 1 3
9	5 2 1 3 8
10	5 4 2 2
11	2 2 8 3 1
12	1 5 1 4 1 2
13	2 5 3
14	2 2
15	2 3
16	2 3
17	1 1
18	8
19	12
20	2 10
21	1 10
22	1 3 1 1
23	1 1 1 1

SPIDER

	1 1 1 1	1 1 1 1	1 1 1 2	5	4 3	7	7	4 3	5	1 1 1 2	1 1 1 1	1 1 1 1
1 1												
1 1 4 1 1												
6												
10												
1 6 1												
3 2 3												
1 6 1												
1 4 1												
2 1 1 2												

HALLOWEEN PUMPKIN

	5	7	2 3 2	8 1	8 1	6 2 1	1 8 1	8 1	2 3 2	7	5
1											
1											
5											
7											
9											
2 5 2											
11											
5 5											
11											
2 5 2											
2 2											
7											

RABBIT

		2	4 1	2 2 2	2 5 2	2 10 1	14	12	1 8	2 7	2 5	2
	2											
3	2											
1	3											
	5											
	6											
2	4											
	7											
	8											
	6											
	6											
	7											
	7											
	7											
2	4											
2	4											

OCTOPUS

			3	1,2,3	1,2,1	4,4	9,1	4,9	6,6	4,5	9	4,4	2,2,1	2,3	2	2	1
			3														
			5														
			7														
			7														
2	2	1	2														
	1	7															
	2	2	2														
	10	2															
		11															
	8	2															
3	2	2															
1	2	2															
2	2	1															
	2	2															

KETTLE

		4	3,6	2,9	2,9	2,10	2,11	2,10	2,9	2,10	3,6	6	4	1
		5												
		7												
	2	2												
1	1	1												
2	3	2												
		7												
	8	3												
		12												
		12												
		12												
		11												
		10												
		8												
		6												

APPLE

			4	1 2	1 1	1 1	1 1 1	4 1	1 1	1 1	1 2	4
		1										
		1										
2	1	2										
1	3	1										
1	1	1										
	1	1										
	1	1										
	1	1										
	1	1										
	1	1										
1	1	1										
	2	2										

PUPPY

					3	1	9	3 6	7 4	7 4	3 6	9	1	3
				4										
				6										
				8										
1	1	2	1	1										
1	1	2	1	1										
		1	6	1										
				6										
			2	2										
				6										
				6										
				4										
				2										

CROP DUSTER

	7	1	2	5	1 1	1 1 1	4 2	2 1 1 1 2	1 1 1 1 1	1 4 2 1	2 1 1 1 2	1	1 2	1 1	1 1	1	4 1	1 1 1 1	1 1 1 1	7	1
2																					
4 2 1																					
1 1 1 1																					
1 1 1 1																					
1 14 1																					
1 1 1 1 4																					
1 2 6 1																					
4 7																					
1 10																					
1 1 1																					
1 1 1																					
4																					

SQUIRREL

	2/1	2/4	1/5	5/3	4/5	6	9	10	3/6	6/2	2/1/2	1	1
4 2													
2 2 4													
1 2 5													
3 2 2													
3 5 1													
2 8													
10													
8													
8													
7													

BIRD

	1	1	3	2/2/1	6	5	5	5	7	4/4	3/3
2											
2 3											
4 4											
3 6											
7											
7											
7											
1 1 3											
2											

BEETLE

					1	2 2 1 2	2 1 1 1	6	8	1 1 2	1 7	8	6	2 1 3	2 2 1	1
		1	2	1												
2	1	1	2													
		3	3													
			6													
		4	5													
2	2	3	2													
		2	3													
		4	4													
	2	4	1													
		2	2													

LEAF

				3	1 5	3 1 2	1 2 1 1	5 1 1	1 1 2 1	6 1	1 2	4 2	1
			6										
1	1	1	1										
	3	1	2											
1	2	1	1										
	4	1	1											
	1	2	1											
			8										
		1	1											
		4	1											
			2										

POSTCARD

	11	1	1 1 1 1	1 1 1 1 1	1 1 1 1 1	1 1 1 1 1	1 1	1 1 1	1 1	11
10										
1 1										
1 1 1										
1 1										
1 4 1										
1 1										
1 4 1										
1 1										
1 4 1										
1 1										
10										

LIGHT BULB

				1							
		2	2	1				1		2	1
	1	2	1	1	1	1	1	1	2	2	5
	11	4	6	3	2	1	2	3	6	4	5
1 7 1											
2 2											
2 1 2											
1 1 1											
1 1											
1 1											
2 2											
3 2											
1 2 2 1											
3 3											
4 4											
5 5											
11											

CLOVER LEAF

			2	2			2 5 2	4 3 4	5 1 5		5 5 5	5 1 5	4 3 4	2 5 2			2 2
			2	2	7	7	2	4	5	5	5	5	4	2	7	7	2
		2	2														
			7														
			7														
2	5	2															
4	3	4															
5	1	5															
	5	5															
5	1	5															
4	3	4															
2	5	2															
		7															
		7															
	2	2															

z

		1 1	1 2	1 1 1	1 1 1	2 1	1 1 1
6							
1							
1							
1							
1							
6							

HAND LENS

		2	2	3	4 3	1 3	1 2	1 1	1 1	1 1	1 1	4
	4											
1	1											
1	1											
1	1											
1	1											
1	1											
2	2											
	4											
	2											
	1											
	2											
	1											
	2											
	2											
	1											

CASTLE

	1	17	17	2 12	3 18	16	19	1 13	1 1 13	1 17	20	16	1 8	1 13	19	3 16	18	2 12	17	16	1
1																					
2																					
1 1																					
1																					
3																					
3																					
1 5 1																					
2 3 2																					
3 3 3																					
2 1 2 3 2 1 1																					
2 3 3 3 2																					
6 3 6																					
7 3 7																					
2 13 2																					
19																					
19																					
19																					
19																					
19																					
19																					
9 8																					
8 7																					
8 7																					
8 7																					
8 7																					
8 7																					

SOLUTIONS

CROSS

STAIRS

QUESTION MARK

JET

	1	1	2/1	5	2/1	1	1
1				■			
3			■	■	■		
7	■	■	■	■	■	■	■
1				■			
3			■	■	■		

HOUR GLASS

	2/2	1/1/1/1	1/1/1/1	1/1/1/1	2/2
5	■	■	■	■	■
1 1	■				■
1 1		■		■	
1			■		
1 1		■		■	
1 1	■				■
5	■	■	■	■	■

SHARP

	1/1	5	1	5	1
1 1		■		■	
5	■	■	■	■	■
1 1		■		■	
5	■	■	■	■	■
1 1		■		■	

TOWER

				2	5	4 1	4 1	5	2
1	2	1							
		6							
		4							
		4							
	1	1							
		4							

L

	5	5	2	2
2				
2				
2				
4				
4				

Q

			5	1 1	2 2	2 2	2 1 2	1 2	6	1
		3								
		5								
	1	1								
	1	1								
	1	1								
1	1	1								
	1	2								
		6								
	3	1								

TREE

3 5 3 2 1 5 1 1 12 3 7 4 1 1 1 3 1 1 4 2
2
4
6
4 3
5 4
2 3 2
3 5
5
3
2
2
6

PIE

1 5 1 4 1 1
5
1 1
1 1
1 1
1 1

P

9 9 2 2 2 2 2 2 4 4
5
7
2 2
2 2
7
5
2
2
2

TV

			8	1 1 1 1 3	8	1 2	2 2	1 2	2 2	1 1 2	1 1 3	8
1 1												
1 1												
1 1												
		9										
1 1	1											
	3	1										
1 1	1											
	3	1										
1 1	1											
		9										
		9										
	1	1										

SHURIKEN

		2 1	4	1 1	4	1 2
1 2						
	4					
1 1						
	4					
2 1						

CHURCH

			9	2 1	3 2 1	1 1 2 1	1 2 4 4	5 1 1	1 4 4	1 1 2 1	3 2 1	2 1	9
		1											
		3											
		1											
		3											
		7											
2	1	1	2										
		11											
	1	1											
1	2	2	1										
1	2	2	1										
	1	1											
	1	3	1										
1	1	1	1										
1	1	1	1										
	5	5											

FLAG

			7	1 1 1	1 1 1	4	1 1 1	1 1 1	4
		7							
1	1	1							
1	1	1							
		7							
		1							
		1							
		1							
		1							

ANCHOR

			2	3	1 2	3 1 1 2	1 1 11	1 1 11	3 1 1 2	1 1 2	3	2
		4										
	1	1										
		4										
		2										
		6										
		2										
		2										
		2										
2	2	2										
2	2	2										
		8										
		6										
		2										

ALARM

			2	2 4	1 6 1	9	1 4	4 3	5 3	1 6 1	2 4	2
	2	2										
2	4	2										
1	2	3	1									
	3	4										
	3	4										
	4	3										
	5	2										
		6										
		4										
	2	2										

YING YANG

					5	2	1 1	1	
			4	6	2	4	1	1	4
3									
3	1								
3	1	1							
3	1								
4	1								
2	1	1							
3	1								
3									

KEY

										3	3			
		1	2	3	2	3	2	2	4	4	6	3	3	6	4	2
	2															
	4															
	7															
10	3															
9	3															
1	1	7														
	4															
	2															

SKULL

				3		6	6		3			
				6		3	3		6			
		3	7	11	6 2	3 2	3 2	6 2	11	7	3
6
6
8
2 2 2
3 2 3
10
4 4
3 3
8
6
6
0
4
4

PAW

			2	2		2	2			
	2	2	2	4	5	5	4	2	2	2
2 2
2 2
2
2 2 2
2 4
6
6
4

DESKTOP COMPUTER

		6 4	1 1 2 1	1 1 2 2	1 1 4 2	1 1 4 2	1 1 4 1	1 1 4 1	1 1 2 1	1 1 2 1	6 4
	10										
1	1										
1	1										
1	1										
1	1										
	10										
	4										
	8										
	10										
1	1										
1 3	1										
	10										

BANANA

		2	1 1	1 1	2 1	1 1	2 1	1 2 2	5 1	3 3	5
	3										
	2										
	3										
1	1										
2	1										
2	1										
3	2										
4	1										
1	3										
	6										

BERRIES

		3	5	5	1 3 1	1 1 3	1 1 1 3	1 1 2 2	1 1 2 10	1 5	1 3
	7										
	1										
	2										
2	1										
3	1										
5	3										
	10										
3 2	3										
3	5										
	3										

HAPPY RABBIT

			2	2 1 1 1	1 5 2	3 2 1	3 1 1	3 1 1	3 2 1	1 5 2	2 1 1 1	2
		2 2										
2 1 1	2											
1 2 2	1											
	8											
1 2	1											
	8											
	2 2											
1 2	1											
	1 1											
	2 2											
	2											

HELICOPTER

			2	1 1 1	1 1 1 1	1 1 1 3	1 5 1	4 3	1 2 1 1	1 1 1	1 4	1 4	2	1 1	1 3	1
		9														
1	3															
3	1															
	11															
1 1	3															
1 1	2															
	10															
1	1															
	5															

SAILING BOAT

		1	1 2	2 3	3 3	4 3	10	4 3	3 3	2 3	1 2
1											
3											
5											
7											
9											
1											
1											
10											
9											
7											

INSECT

	1 1	2 2	1 4	1 7	1 9	1 7	4	2 2	1 1
1 1									
1									
2 3 2									
1 3 1									
5									
7									
7									
1 5 1									
3									
1									

LANDLINE

	2	3 6	4 2 3	2 2 2	3 3 1	3 2 3 1	3 2 1 1 1	3 2 1 1 1	3 3 3 1	2 1 1	4 2 2	3 2 3	2 6
5													
9													
11													
3 3													
3 1 1 3													
5													
8													
2 2													
2 2													
1 4 1													
1 1 1 1													
2 4 2													
3 3													
12													

TROPHY

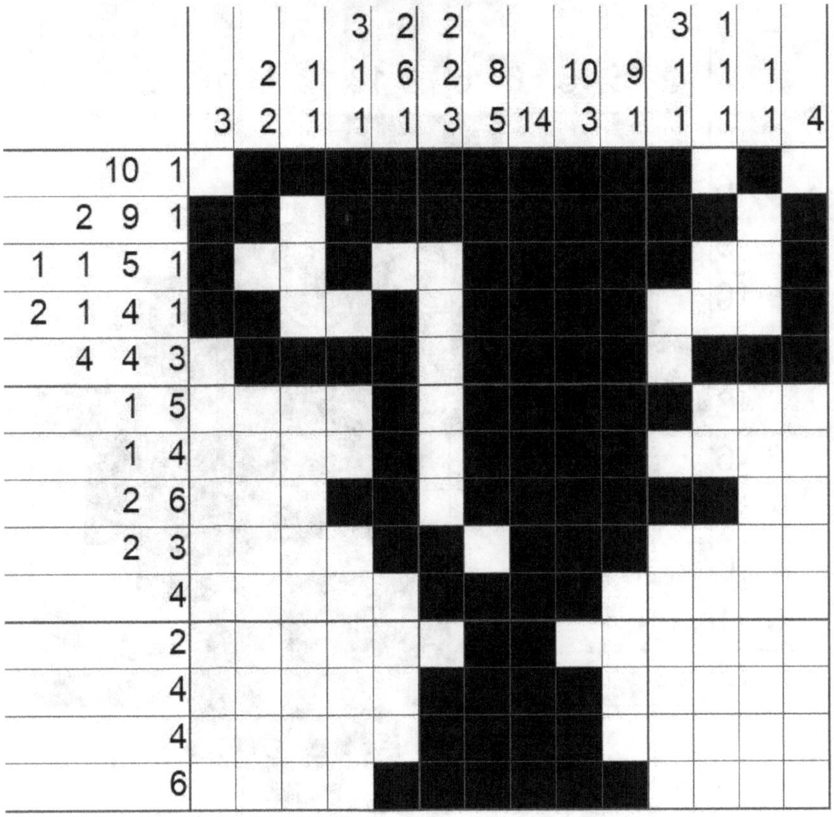
3
2 2
1 1
3 1 1
2 6 1
2 2 3
8 5
14
10 3
9 1
3 1 1
1 1 1
1 1
4
10 1
2 9 1
1 1 5 1
2 1 4 1
4 4 3
1 5
1 4
2 6
2 3
4
2
4
4
6

HOT TEA

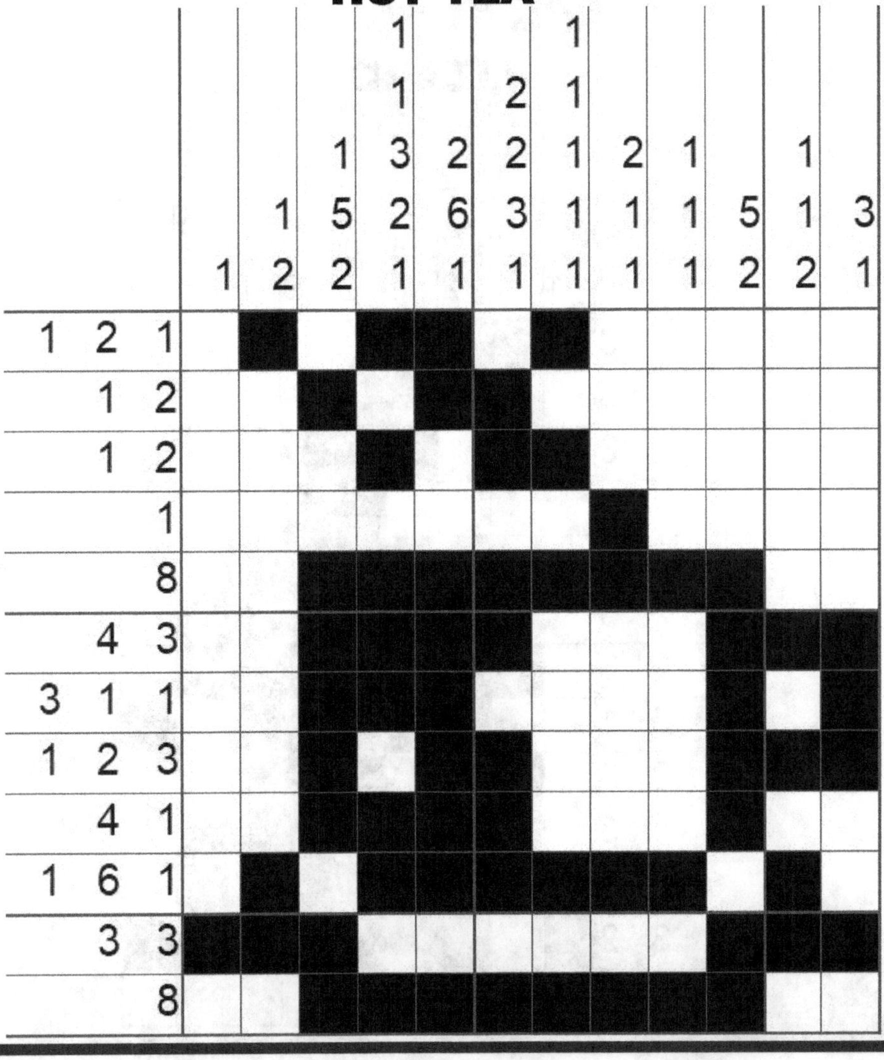
1
1 2
1 5 2
1 1 3 2 1
2 6 1
2 2 3 1
1 1 1 1 1
2 1 1
1 1 1
5 2
1 1 2
3 1
1 2 1
1 2
1 2
1
8
4 3
3 1 1
1 2 3
4 1
1 6 1
3 3
8

AFRICA

		2	5	6	6	6	6 3	13	13	11	10	6	3 1	1 2
	3													
	6													
	9													
	10													
	11													
	13													
3	6													
	6													
	6													
5	1													
5	2													
	4													
	3													
	1													

LIZARD

			1 1 1 1	2 4 1	3 2 1 2	4 2 2	9	6	2 3	1 1 1
		3								
		3								
		3								
		2								
		4								
	2	3								
	2	3								
	5	1								
	2	3								
		3								
	2	1								
1	3	2								
		2								

REINDEER

						2	3					3								3		3			
						2	2	2	4	5	2	1		2	2			3	1	3	2				
					2	3	2	6	7	7	4	7	2	4	6	11	14	10	9	8	7	5			
2	2	2	2	2																					
2	2	1	1	2	2																				
		4	1	1	4																				
				5	2																				
				2	6																				
					8																				
			1	1	6																				
					12																				
					13																				
					15																				
				8	7																				
		1	3	7																					
				5	7																				
				3	7																				

PENGUIN

							2	3	2				
					9	6	3	2	3	6	9		
				7	1	4	2	1	2	4	1	4	7
			3										
			5										
1	1	1											
	2	2											
			5										
			7										
		3	3										
		3	3										
		3	3										
		3	3										
1	1	1	1										
1	1	1	1										
1	2	2	1										
	1	7	1										
		2	2										
		2	2										

PUPPY

TROPHY

DONKEY

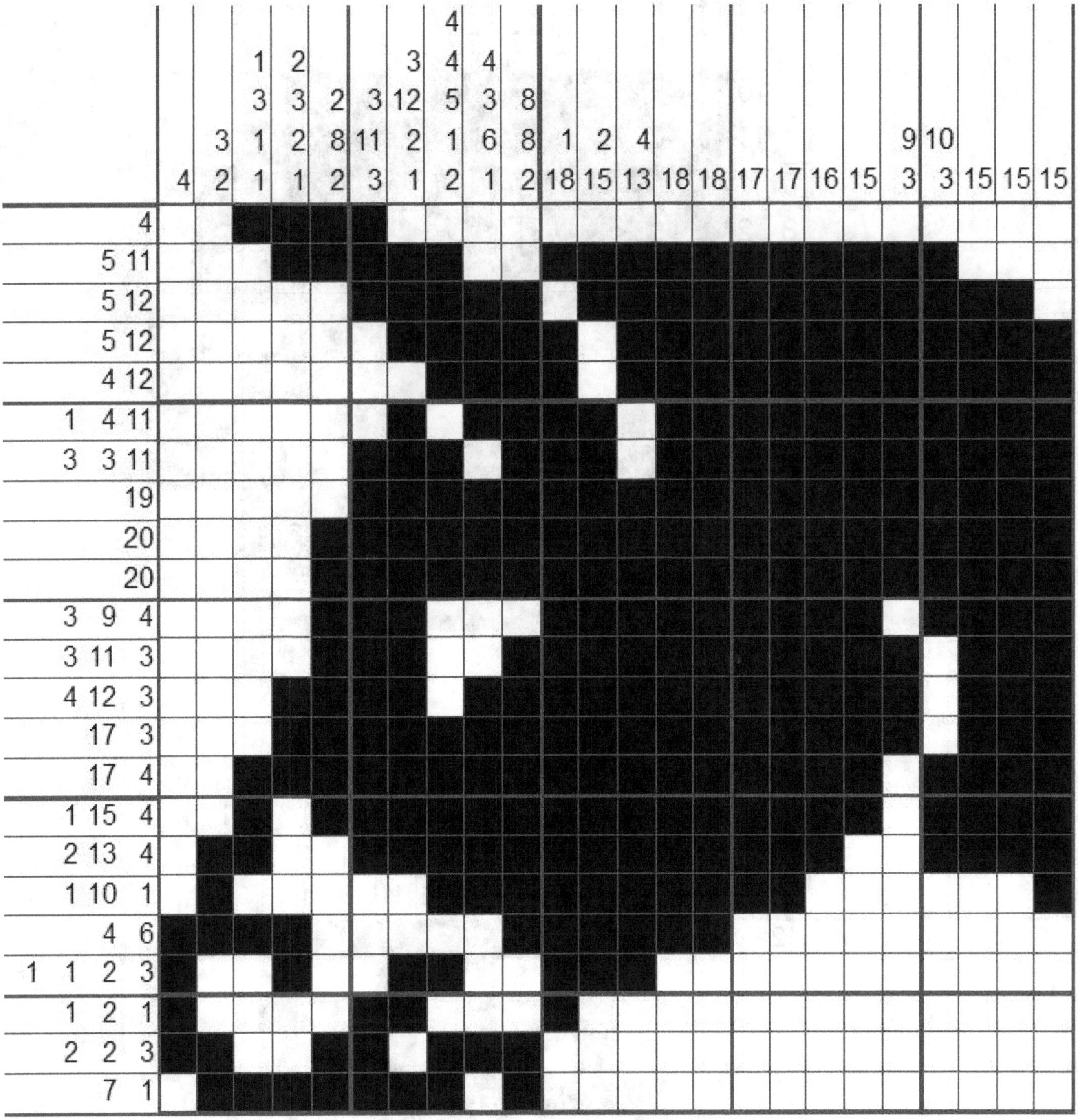
4
3 2
1 3 1 1
2 3 2 1
2 8 2
3 11 3
3 12 2 1
4 4 5 1 2
4 3 6 1
8 8 2
1 18
2 15
4 13
18
18
17
17
16
15
9 3
10 3
15
15
15
4
5 11
5 12
5 12
4 12
1 4 11
3 3 11
19
20
20
3 9 4
3 11 3
4 12 3
17 3
17 4
1 15 4
2 13 4
1 10 1
4 6
1 1 2 3
1 2 1
2 2 3
7 1

PIANO

		7 2 2	7 3 1	6 2 1 1	6 3 2	5 2 1 2	5 3 2	4 2 1 2	4 3 2	3 2 1 2	3 3 5	1 2 1 5	4 2	4
	10													
	11													
10	1													
8	2													
6	4													
4	4 2													
2 4 2	1													
4 2	2													
4 2	4													
2 2	4													
2	6													
1 4	2													
5	2													

SHIP

		2	3	2	1 1 1 3	5 4	1 1 1 1 1	1 1 1 3	5 4	1 1 1 1 1	11	1 1 1 3	1 1 2 1	5 3	1 1 3	1 1 2 1	3 3	2	3	2
	12																			
1 1 1 1	1																			
1 1 1 1	1																			
1 1 1 1	1																			
	12																			
	1																			
2 1	2																			
2 1 1 1 1 1	2																			
	17																			
3 2 2 2	2																			
	13																			

SPRAY

HEART

FLASK

			10	3	6 6 2	3 5 6 2	4 4 6 2	4 4 6 2	3 5 6 2	6 6 3	10	2 2	7
		4											
		4											
		6											
1	2	1											
	2	2											
		6											
		6											
		6											
1	4	2											
	2	4											
	8	1											
	8	1											
	8	1											
	8	1											
	8	1											
1	4	3											
	2	3											
		8											
		6											

FLOWER

						2	3	1 2 2	2 2 1	1 5 1	1 1 11	1 5 1	5 2	1 3 3	2 3
					1										
		1	1	1	1										
1	1	1	1	1	1										
				3	3										
				1	5										
					7										
					5										
					3										
				2	3										
			4	1	1										
			4	1	2										
				2	3										
					4										
					1										
					1										

CAT

			2	3	2 2	11	2 2 5	3 4	2 3	2	1	5	1	2
	1	1												
		3												
1	1	1												
		7												
		7												
		1												
	1	1												
	2	3												
	3	1												
	4	1												
	5	1												
		7												

SPADE

			3	5	6	7/1	7/2	12	7/2	7/1	6	5	3
		1											
		3											
		5											
		7											
		9											
		11											
		11											
		11											
3	1	3											
		1											
		3											
		5											

CRAB

			2/1/1	3/1/1	2/2/3	6	5	5	6	2/3	3/1/1	2/1/1
1	1	1	1									
		3	3									
1	1	1	1									
	1	4	1									
	1	6	1									
			8									
	1	6	1									
	1	4	1									

AMBULANCE

POLICEMAN

DINOSAUR

ELEPHANT

UMBRELLA

SMILE

TRICYCLE

SUPERHERO

SMILE

TAP

OLD MAN

TORTOISE

		2	4	5	5	6	6	6	6	5	3	2	3	5	1 1 1	2	3
	3																
5	2																
7	2	2															
	15																
13	1																
10	2																
2	2																

DANGER

					2 2	3 4	4 4	3 3 3	5 2 3	2 4 4	2 3 3	8 2	2 3 4	2 4 5	5 3 2	4 2 3	3 4	3 4	2 2
				5															
				7															
	2	1	2																
	2	1	2																
				9															
		2	8																
	3	5	2																
4	1	1	1	3															
		3	5																
		4	4																
				6															
	2	6	2																
		6	7																
		5	6																
		3	3																

HERON

REX

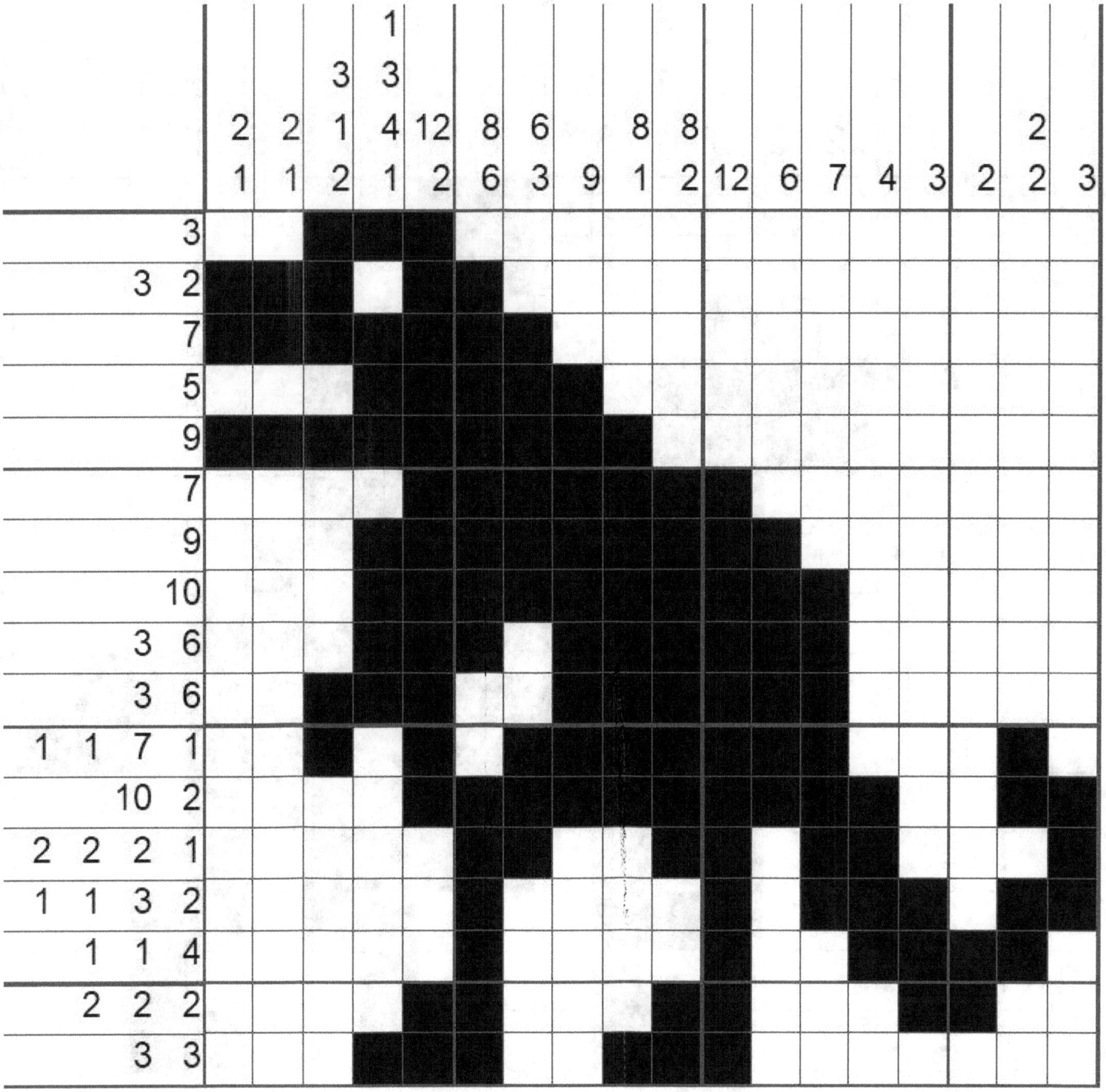
2 1
2 1
3 1 2
1 3 4 1
12 2
8 6
6 3
9
8 1
8 2
12
6
7
4
3
2
2 2
3
3
3 2
7
5
9
7
9
10
3 6
3 6
1 1 7 1
10 2
2 2 2 1
1 1 3 2
1 1 4
2 2 2
3 3

RIDER

PEAR

SNAIL

CHEERLEADER

SPIDER

HALLOWEEN PUMPKIN

RABBIT

OCTOPUS

			3	1 2 3	1 2 1	4 4	9 1	4 9	6 6	4 5	9	4 4	2 2 1	2 2 3	2	2	1
			3														
			5														
			7														
			7														
2	2	1	2														
		1	7														
	2	2	2														
		10	2														
			11														
		8	2														
	3	2	2														
	1	2	2														
	2	2	1														
		2	2														

KETTLE

		4	3 6	2 9	2 9	2 10	2 11	2 10	2 9	2 10	3 6	6	4	1
	5													
	7													
2	2													
1 1	1													
2 3	2													
	7													
8	3													
	12													
	12													
	12													
	11													
	10													
	8													
	6													

APPLE

				4	1 2	1 1	1 1	1 1 1	4 1	1 1	1 1	1 1	1 2	4
			1											
			1											
	2	1	2											
	1	3	1											
	1	1	1											
		1	1											
		1	1											
		1	1											
		1	1											
		1	1											
	1	1	1											
		2	2											

PUPPY

					3	1	9	3 6	7 4	7 4	3 6	9	1	3
				4										
				6										
				8										
1	1	2	1	1										
1	1	2	1	1										
		1	6	1										
				6										
			2	2										
				6										
				6										
				4										
				2										

CROP DUSTER

SQUIRREL

			2 1	2 4	1 5	5 3	4 5	6	9	10	3 6	6 2	2 1 2	1	1
	4	2													
2	2	4													
1	2	5													
3	2	2													
3	5	1													
	2	8													
		10													
		8													
		8													
		7													

BIRD

			1	1	3	2 2 1	6	5	5	5	7	4 4	3 3
		2											
	2	3											
	4	4											
	3	6											
		7											
		7											
		7											
1	1	3											
		2											

BEETLE

				1	2 2 1	2 2 1 2	2 1 1 1	6	8	1 1 2	1 7	8	6	2 1 3	2 2 1	1
	1	2	1													
2	1	1	2													
		3	3													
			6													
		4	5													
2	2	3	2													
		2	3													
		4	4													
	2	4	1													
		2	2													

LEAF

				3	1 5	3 1 2	2 1 1	1 1 1 1	5 1 1	1 2 1	6 1	1 1 2	4 4 2	1
			6											
1	1	1	1											
	3	1	2											
1	2	1	1											
	4	1	1											
	1	2	1											
			8											
		1	1											
		4	1											
			2											

POSTCARD

LIGHT BULB

				1	2 2 4	2 1 6	1 1 1 3	1 1 2	1 1	1 1 2	1 1 3	1 2 6	2 2 4	1 5 5
	1	7	1											
		2	2											
	2	1	2											
	1	1	1											
		1	1											
		1	1											
		2	2											
		3	2											
1	2	2	1											
		3	3											
		4	4											
		5	5											
			11											

CLOVER LEAF

			2 2			2 5	4 3	5 1 1	5 2	5 1	4 3	2 5	7	7	2 2
	2	2													
		7													
		7													
2	5	2													
4	3	4													
5	1	5													
	5	5													
5	1	5													
4	1	4													
2	1	2													

z

		1 1	1 2	1 1 1	1 1 1	1 1	2 1	1 1 1
6								
1								
1								
1								
1								
6								

HAND LENS

CASTLE

www.ingramcontent.com/pod-product-compliance
Lightning Source LLC
Chambersburg PA
CBHW060423220526
45465CB00008B/2998